BEI GRIN MACHT SICH IHR WISSEN BEZAHLT

- Wir veröffentlichen Ihre Hausarbeit, Bachelor- und Masterarbeit

- Ihr eigenes eBook und Buch - weltweit in allen wichtigen Shops

- Verdienen Sie an jedem Verkauf

Jetzt bei www.GRIN.com hochladen und kostenlos publizieren

Bibliografische Information der Deutschen Nationalbibliothek:

Die Deutsche Bibliothek verzeichnet diese Publikation in der Deutschen National-
bibliografie; detaillierte bibliografische Daten sind im Internet über http://dnb.d-
nb.de/ abrufbar.

Impressum:

Copyright © 2015 GRIN Verlag, Open Publishing GmbH
Druck und Bindung: Books on Demand GmbH, Norderstedt Germany
ISBN: 978-3-668-06097-5

Dieses Buch bei GRIN:

http://www.grin.com/de/e-book/307852/erneuerbare-energien-die-negativen-aus-
wirkungen-von-wind-und-solarenergie

Emre Cinar

Erneuerbare Energien. Die negativen Auswirkungen von Wind- und Solarenergie auf die Umwelt

Eine Untersuchung

GRIN Verlag

Erneuerbare Energien: Was sind die negativen Auswirkungen von Wind- und Solarenergie auf die Umwelt?

Inhaltsverzeichnis

1. Einführung

Die folgende Hausarbeit handelt von der Nachhaltigkeit und Funktionsweisen zur Gewinnung der Erneuerbaren Energien. Hierbei erläutere Ich im Allgemeinteil den Aufbau und die Geschichte der verschiedenen Möglichkeiten erneuerbare Energie zu gewinnen. Vertieft habe ich die Energieerwirtschaftung durch Solar- und Windkraftanlagen, da diese die Art von Stromerzeugung ist von der man am meisten mitbekommt. Egal ob auf Bürogebäuden, Tankstellen oder auch Privathäusern sind Solaranlagen kaum mehr wegzudenken. Die Windkraftanlagen hingegen kann man sehen, wenn man z.B. auf der Autobahn fährt und auf die Landschaft außerhalb der Straßen schaut. Doch neben den ganzen Vorteilen des Ökostromes gefährdet diese Art von Stromherstellung die Bevölkerung, die Tierwelt und die Umwelt. In den folgenden Seiten werde ich auf diese Probleme genauer eingehen. Daraus hat sich die Forschungsfrage ergeben: Was sind die negativen Auswirkungen von Wind- und Solarenergie auf die Umwelt? Hierzu erläutere ich den Aufbau und die Funktionsweise diverser Einrichtungen zur Gewinnung von vermeintlich sauberer Energie. Im Bezug auf die Leitfrage werde ich die negativen Auswirkungen auf den Menschen, die Flora und Fauna in mehreren Beispielen darstellen. Außerdem werde ich Stellung zur aktuellen Entwicklung der spezifischen Anlagemöglichkeiten zur Gewinnung von erneuerbaren Energien beziehen, wobei mein Schwerpunkt auf der Bundesrepublik Deutschland liegt. Abschließend werde ich einen Gesamteindruck in einem Fazit zusammenfassen.

2. Erneuerbare Energien

2.1 Allgemeines

Erneuerbare Energien beschreiben im allgemeinen Energieträger , die für die Menschen unerschöpflich oder schnell generierbar sind im Gegensatz zu beispielsweise fossilen Brennstoffen, die sich erst im Verlauf von mehreren Millionen Jahren regenerieren. Erneuerbare Energien besitzen eine höhere Energieeffizienz als herkömmliche Energieträger wie Kohle. Außerdem sind sie essenziell wichtig bei der Energiewende. Die Energiewende bezeichnet den Vorgang von der Nutzung nicht nachhaltiger fossiler Energieträger zu der Nutzung von erneuerbaren Energien. Gründe für diesen Vorgang sind Kosten für Externe zu minimieren und selbst als Energieproduzent zu fungieren und die Umweltbelastung durch fossile Energieträger zu minimieren. Der wichtigste Grund für die Energiewende allerdings ist die Endlichkeit fossiler Energieträger und die Gefahr die von der Kernenergie ausgeht. Das eine solche Gefahr von der Kernenergie ausgeht, kann man an Vorfällen wie in Fukushima oder Tschernobyl sehen. Die Bundesregierung Deutschlands hat ihren ersten Fortschrittsbericht zur Energiewende veröffentlicht in dem steht, dass 2013 rund 16,1 Milliarden Euro in die Herstellung von Anlagen zur Gewinnung von erneuerbaren Energien investiert wurden, womit rund 370.000 Arbeitsplätze verbunden sind. Durch die Nutzung von erneuerbaren Energien wurden im Jahr 2013 die Kosten für extern gewonnene Energien um 9 Milliarden Euro gesenkt. Der Ausbau von erneuerbaren Energien ist im stetigen Fortschritt, was durch Zahlen der Bundesregierung nachzuweisen ist, die im Vergleich zu 2012 ein Wachstum von 1,7 Prozent zum Jahre 2013 und somit ein Volumen von 25,3 Prozent des Gesamtenergieverbrauches der Bundesrepublik Deutschland umfasst [1]. Erstmals sind erneuerbare Energien wichtigster Stromerzeuger in Deutschland und hat ein Volumen von 12 Prozent der Gesamtstromerzeugung. Die Bundesregierung hat im allgemeinen vier große Ziele im Bezug auf ihre Energiewende: Ausstieg aus der Atomenergie bis zum Jahre 2022, stetiger Ausbau von erneuerbaren Energien, Steigerung der Energieeffizienz und der Klimaschutz durch Reduktion der Treibhausgasemissionen. Vorreiter in Sachen Energiewende ist allerdings Dänemark, die ihren kompletten Energiehaushalt bis zum Jahre 2050 komplett mit erneuerbaren Energien bewältigen wollen [2]. Maßnahmen hierzu sind

---

[1] Vgl. Fortschrittsbericht der Bundesregierung Deutschland (2014)
   http://www.bundesregierung.de/Content/DE/Artikel/2014/12/2014-12-03-fortschrittsbericht-zur-energiewende.html

[2] Madeleine Reincke: Baedeker Reiseführer Dänemark (2007)

beispielsweise ein Verbot zum Aufbau und Ausbau von Kohlekraftanlagen und das Verbot von Gas- und Ölheizungen in Privathäusern. Ab 2016 werden Gas- und Ölheizungen auch in bestehen Privathäusern verboten insofern sie in Gemeinden mit einem Fernwärmenetz stehen[3].Derzeit stammen etwa 50 Prozent des Stroms aus erneuerbaren Energien, die vor allem aus der Windkraft (30%) gewonnen wird[4]. Diese Windanlagen sind bereits ein wichtiger Wirtschaftszweig Dänemarks da sie 3 Prozent des Bruttoinlandsproduktes Dänemarks ausmachen[5]. Zu den erneuerbaren Energien zählt man die Erdwärme, Solarenergie, Windenergie, Wasserkraft, Bioenergie und Meeresenergie. Erdwärme wird durch Wärmepumpen gefördert, da die Erde in ihrem Mittelpunkt zwischen 4800°C und 7700°C und etwa 90 Prozent der Erde über 100°C liegt. Diese Erdwärme wird bei etwa 1 Kilometer tiefe und 40°C über die bereits genannten Wärmepumpen gewonnen und für Heizung und Warmwasser genutzt. Neben dem Heizen kann man die Erdwärme auch zur Stromgewinnung nutzen. Die Methode zur Stromgewinnung via Erdwärme nennt sich hydrothermale Stromerzeugung. Für diese hydrothermale Stromerzeugung werden große unterirdische Wassertanks mit Wasser, welches mindestens 100°C besitzen muss, da das Wasser als Dampf Richtung Oberfläche schießen muss. Der Dampf treibt dann Turbinen an, die zur Stromerzeugung genutzt werden. Der Dampf wird dann über Kühlrohre zurück zu den Wassertanks geführt, wodurch ein natürlicher Kreislauf entsteht[6]. Die Solarenergie kann man via Sonnenkollektoren zu Wärme umwandeln, die dann meist die Heizung in Privathäusern unterstützt. Strom kann man mit der Solarenergie auch generieren. Dieses ist über Photovoltaikanlagen möglich, die die Energie der Sonnenstrahlen in Strom umwandeln. Die Windenergie gewinnt man über Windräder, wobei die kinetische Energie des Windes also der bewegten Luftmassen, das Windrad antreibt und somit die kinetische Energie in Strom umgewandelt wird[7]. Die Bioenergie kann man aus Biomasse gewinnen. Als Biomasse wird zur Stromerzeugung oder Energiegewinnung vor allem Holz genutzt, doch es werden auch Agrarrohstoffe und organische Restprodukte verwendet. Die Wasserkraft auch Hydroenergie genannt, wobei potenzielle und kinetische Energie des Wasser dazu genutzt werden eine

---

[3]Vgl. http://www.energiezukunft.eu/ueber-den-tellerrand/daenemark-verbietet-heizen-mit-oel-und-gas-gn10949/
[4] Vgl. http://www.manager-magazin.de/politik/artikel/energiewende-mit-windkraft-und-fernwaerme-in-daenemark-a-925586.html
[5] Vgl. http://www.manager-magazin.de/politik/artikel/energiewende-mit-windkraft-und-fernwaerme-in-daenemark-a-925586-3.html
[6] Vgl. http://www.erdwaerme-geothermie.net/
[7] Martin Kaltschmitt, Andreas Wiese: Erneuerbare Energien: Systemtechnik, Wirtschaftlichkeit, Umweltaspekte (2013) (S.239f.)

Wasserkraftmaschine anzutreiben. Genau genommen treibt das Wasser wie bei der Erdwärme eine Turbine an die dann den Strom erzeugt. Unter dem Begriff Meeresenergie umfasst man eine Vielzahl verschiedener mechanischer, thermischer und physikalisch-chemischer Energien. Die Meeresenergie kann zum jetzigen Zeitpunkt nicht voll genutzt werden, da sich die Gewinnung der Meeresenergie noch im Aufbau befindet. Alles in allem befinden sich die erneuerbaren Energien zur Zeit auf Expansionskurs, da die Energieknappheit mit fortschreitender Zeit immer mehr zum Problem wird.

2.2 Windkraftanlagen

Die Geschichte der Windkraftanlage begann bereits im Mittelalter, wo die Windmühle neben der Wassermühle die wichtigste Antriebsmaschine des vorindustriellen Europas war. Mit Erfindung und Nutzung der Dampfmaschine verlor die Windmühle an Bedeutung bis in die 1970 bis 1980, wo aufgrund der Energiekrise das Bundesministerium für Forschung und Technologie mit der Forschung Richtung Windkraft wieder begann. Gemeinsam mit den Energiefirmen RWE, HWE und Schleswag startete man das Growian-projekt aus dem 1983 eine 3-MW-Windanlage hervorging.[8] Diese 87,2 Millionen D-Mark teure Windanlage wurde dann im Kaiser-Wilhelm-Koog aufgestellt, wo sie 1988 aufgrund von 99 prozentigem Stillstand und technischen Problemen wieder abgebaut wurde. In den USA wurde Ende der 70er Jahre des 20, Jahrhunderts eine Gesetzesoffensive gestartet die den Aufbau von Windanlage mit 25 Prozent subventionierte und die Einspeisung in das öffentliche Netz regelte[9]. Dadurch konnte man bereits wenig später 15.000 Windkraftanlagen allein im Bundesstaat Kalifornien zählen. Deutschland hingegen kämpfte mit dem Problem, dass es keine Baugenehmigungen für Windkraftanlagen gab, da Windkraftanlagen im Baugesetz noch nicht vorgesehen waren. Außerdem konnte man den durch Windkraftanlagen gewonnenen Strom noch nicht ohne weiteres in das öffentliche Netz speisen. Im Jahre 1991 regelte ein Gesetz diese Differenzen. Das Gesetz besagte, dass der erzeugte Strom mit mindestens 90 Prozent des durchschnittlichen Strompreises vergütet werden muss. Doch dann gab es noch das Problem mit den Baugenehmigungen die immer noch in der Hand der Kommunen waren. Nachdem die Projekte des Bundesministeriums für Technologie und Forschung scheiterten, schlug man mit dem 250-MW Projekt einen neuen Weg ein. Das 250-MW Projekt

---

[8] Vgl. Bernd Stoy (1980) Wunschenergie Sonne

[9] Vgl. Donella H. Meadow (2001) Die neuen Grenzen des Wachstums

subventionierte Windkraftanlagen mit 60 Prozent der Investitionskosten oder über eine Zulage zur Einspeisevergütung.

Windkraftanlagen werden im allgemeinen dazu genutzt die kinetische Energie des Windes in Strom umzuwandeln. Dass diese Methode immer mehr an Bedeutung gewinnt, sieht man daran, dass 2001 lediglich 1,8 Prozent des erzeugten Stromes von Windturbinen erzeugt wurden. 2008 waren es dann bereits 7 Prozent[10], wobei der prozentuale Anteil des durch Windräder erzeugten Stromes eine stark steigende Tendenz vorweist. Hauptbestandteile einer Windkraftanlage beziehungsweise eines Windrades sind: Der Turm oder Mast, die Gondel, die Rotorblätter, das Getriebe, der Generator, die Messinstrumente und die Windrichtungsnachführung. Die Gondel ist auf dem Turm montiert und beinhaltet den Generator und das Getriebe, wobei es auch Windkraftanlagen ohne Getriebe gibt. Doch das Getriebe hat einen entscheidenden Vorteil denn durch das Getriebe kann die Drehzahl des Generators auch bei unterschiedlichen Windgeschwindigkeiten konstant gehalten werden. Die Rotorblätter, die durch die kinetische Energie der bewegten Luftmassen angetrieben werden, leiten diese Energie zum Generator weiter, der die kinetische Energie dann in Strom umwandelt. Die Windrichtungsnachführung oder auch die sogenannten Horizontalachsenrotoren werden dazu genutzt, dass sie die Rotorblätter immer optimal in die Richtung des Windes drehen[10]. Die Daten wie die Windrichtungsnachführung die Rotorblätter drehen muss, stammen aus der Messeinheit. Die Windrichtung wird hierbei mittels der Windfahne erhoben und die Windstärke mittels des Anemometers. Ab einer Windgeschwindigkeit von 90km/h schalten sich die meisten Windkraftanlagen ab, da sie sonst beschädigt werden könnten[10]. Eine durchschnittliche Windkraftanlage hat eine Höhe von etwa 100 Metern und besitzt einen Rotordurchmesser von 80 Metern und produziert im durchschnitt bis zu 5 Megawatt. Ein Atomkraftwerk besitzt eine Nennleistung von circa 1000 MW, wodurch Windanlagen neuerdings meist in Windparks zusammengefasst sind. Ältere Windkraftanlagen sind nur etwa 50 Meter hoch, wodurch auch deren Produktivität im Vergleich zu neuen Windkraftanlagen nur einen Bruchteil des erzielten Ertrages einer neuen Windkraftanlage ausmacht. Neue Windkraftanlagen produzieren ungefähr sechs-mal so viel Strom wie die Alten. Alles in allem wird die Bedeutung der Windanlagen angesichts der geplanten Energiewende stetig steigen[10].

---

[10] Vgl. http://www.energienpoint.de/erneuerbare-energien/windenergie/wie-funktioniert-eine-windkraftanlage/

2.3 Solarenergie

Solarenergie ist die erzeugte Energie der Sonne, die durch Kernfusion von Wasserstoffatomkernen zu Helium eine enorme Menge Energie freisetzt. Diese Energie kommt dann zum Teil auf der Erde an, wobei die gesamte Energie eines Tages die auf die Erde trifft den Energieverbrauch der Menschheit für 8 Jahre decken kann. Diese Solarenergie kann mittels Photovoltaikanlagen oder Sonnenkollektoren direkt gewonnen werden. Die Geschichte der Solarzelle begann 1839 mit der Entdeckung des Photoeffektes vom französischen Physikers Alexandre Edmund Bequerel[11]. Ende des 20. Jahrhunderts erfand Charles Frittes die sogenannte Vakuumfotozelle mit aufgedampfter Selen-Schicht. Solarzellen aus Silizium sind noch relativ neu und wurden erst in den 50er Jahren des 20. Jahrhunderts vom Unternehmen Bell entwickelt und produziert. Diese Solarzellen aus Silizium wiesen einen Wirkungsgrad von 6 Prozent auf[12].

Das Prinzip der Solarthermie wurde bereits in der Antike genutzt beispielsweise mit Brennspiegeln die zur Feuerentstehung genutzt wurden. Im 18. Jahrhundert erfand der Naturforscher Horace-Benedict de Saussure den Vorläufer der heutigen Sonnenkollektoren[11]. Diese Sonnenkollektoren waren zunächst nicht sehr weit verbreitet da zum einen die Preise für fossile Brennstoffe extrem gering waren zum anderen wurde gezweifelt ob die europäische Sonneneinstrahlung zur Nutzung der Sonnenkollektoren reichen würde. Erst mit Beginn der Ölkrise in den 70er Jahren des 20. Jahrhunderts gab es einen Sinneswandel in der Bevölkerung, wobei die Warmwasseraufbereitung nur umweltbewusst ist, wenn sie durch Sonnenkollektoren geschieht.

Eine Photovoltaikanlage ist folgendermaßen aufgebaut: Auf dem Dach beispielsweise eines Hause werden Solarzellen angebaut, wobei es stets mehrere Solarzellen, die in ein Solarmodul zusammengeschlossen sind, da in einer einzelnen Solarzelle nur sehr wenig Strom fließt. Um die Solarzellen vor Umweltbedingungen und äußeren Einflüssen zu schützen sind sie mit einer Kunststoffschicht überzogen und oben mit einem lichtdurchlässigen Glas abgedeckt. Mehrere Solarmodule auch Photovoltaikmodule werden zum sogenannte Solargenerator zusammengeschlossen, wo die Solarenergie in Gleichstrom umgewandelt wird. Um diesen Strom in das öffentlich Netz speisen zu können, muss er noch mittels eines Wechselrichters in Wechselstrom gewandelt werden, wobei die Qualität des Wechselrichters entscheidend für die

---

[11]Vgl. http://www.ammonit.com/de/wind-solar-wissen/solarenergie
[12] Vgl. http://www.solaranlage-ratgeber.de/solarenergie/solarenergie-entwicklung

Menge des eingespeisten Stromes ist. Zur Photovoltaikanlage gehören neben der ganzen Verkabelung dann nur noch der Eigenverbrauchszähler und der Einspeisezähler[13].

Sonnenkollektoren bestehen aus den folgenden Bestandteilen: Der Absorber, der aus einem Kupfer oder Aluminiumblech und Kupfer oder Aluminiumleitungen besteht. Der Absorber ist von einer Selektivschicht überzogen, was man als diese schwarze Schicht kennt, die meist aus Schwarzchrom oder Titan- und Siliziumoxiden besteht. Diese Schicht hat eine hohe Sonnenstrahlaufnahmefähigkeit von circa 90-95 Prozent und bei gleichzeitig niedriger Emission von Infrarotstrahlung von circa 5-10 Prozent[14]. Der Absorber ist dann von einem Gehäuse umgeben , das aus Aluminium besteht. Dieses Gehäuse schützt den empfindlichen Absorber vor Einflüssen von Außen. Die Rohrleitungen des Absorbers werden mit Mineralwolle wärmegedämmt, damit der Wärmeverlust minimiert wird. Die Glasplatte die oben auf dem Absorber liegt ist mit weniger Eisenoxiden versehen, da dadurch die Sonnenstrahlendurchlässigkeit erhöht wird.

1990 betrug die Solarstromerzeugung noch unter 1 Gigawattstunde waren es 2010 bereits 12.000 Gigawattstunde. Dies bedeutet, dass der Anteil des Bruttostromverbrauches somit von knapp 0 Prozent auf 2 Prozent anstieg[15]. Das Wachstum welches den Anteil von Solarstrom ausmacht ist mit den Jahren immer mehr geworden, da beispielsweise das Wachstum von 2009 auf 2010 mit 6.000 Gwh eine Verdoppelung darstellt. 2009 wurde Deutschland erstmals bevor die Chinesen diese Position einnahmen Weltmarktführer in Sachen Photovoltaikanlagen. Die Zukunft der Photovoltaikanlagen in Deutschland ist gefährdet, da der Strom aus Photovoltaikanlagen immer noch teurer ist als der von den großen Energielieferanten. Außerdem wurde 2011 ein Gesetz verabschiedet, dass die Einspeisevergütungen beschränkt, wodurch man den Markt für solche Anlagen eher im Ausland sieht.

---

[13] Vgl. http://www.solartechnik-stiens.de/leistungen/qualitaetsprodukte-im-einsatz/wechselrichter.html
[14] Vgl. Klaus Lambrecht: Solartechnick (S.13)
[15] Vgl. http://www.erneuerbare-energie-solarenergie.de/Solarenergie-in-Deutschland

3. Negative Auswirkungen auf die Umwelt:

3.1 Solarenergie

Neben den ganzen Vorteilen die eine solche Erneuerbare Energie inform von Solaranlagen mit sich bringt, gibt es auch zahlreiche negative, die den Menschen, die Tiere als auch die Natur stark beeinschränken können. Diese negativen Auswirkungen werde ich im folgenden Text verdeutlichen.

Alle Solaranlagen haben eine bestimmte Lebenslaufzeit, nach der sie entweder recycelt oder zerstört werden. Diese Laufzeit beträgt in der Regel 20-30 Jahre je nach Modell. Solarmodule unterscheiden sich aufgrund ihrer Solarzellen in der Herstellung, ihrer Werkstoffe als auch ihres Wirkungsgrades. Daher werden Solarzellen in monokristalline, polykristalline und Dünnschichtmodulen eingeteilt. Zu den Dünnschichtmodulen gehören auch die sogenannten Cadmium-Tellurid-Module. Bei der Produktion von solchen Modulen wird die Chemikalie Cadmium als auch der Rohstoff Blei verwendet, welche in ihrer Verbindung zu Cadmium-Sulfid und Cadmium-Tellurid, giftig und gesundheitsschädlich sind. Reines Cadmium führt zu zahlreichen chronischen Beschwerden wie z.B. Nerven-, Nieren- und Lungenschäden und kann den Krebs fördern. [16]

Neben der Chemikalie Cadmium und dem Rohstoff Blei werden noch andere toxische, explosive und krebserregende Stoffe in den Anlagen verarbeitet.Ein paar von diesen giftigen Substanzen sind Arsen, Silan, welches explosiv ist, Wasserstoff-Selenid, Wasserstoff-Sulfid sowie Siliziumtrettrachlorid, welches zwar recycelt werden kann, dennoch in China in die Natur gepumpt wird, was so durch die Tiere und Pflanzen in die Nahrungskette der dort lebenden Menschen gelangt. Ein Beispiel hierfür ist die ehemalige Fabrikanlage von Jinko Solar im Osten Chinas. Aufgrund von Flourverbindungen die in der Produktion von Solarzellen genutzt wurden, kam es aufgrund eines Regenfalls zu der Verunreinigung eines nahegelegenen Flusses. Dieses hat zu einem massiven Fischsterben geführt . Zudem kommt noch hinzu, dass diese Fabrikanlage ungefilterte Abgase in die Luft abgegeben hat.

---

[16] Vgl. http://www.focus.de/wissen/bild-der-wissenschaft/tid-21347/photovoltaik-gift-auf-dem-dach_aid_600085.html

Diese Module werden hauptsächlich in die Solarzellen eingebaut, weil sie kostengünstiger sind.

Außerdem können Photovoltaikanlagen, die auf freien Flächen zu finden sind nur mit hohen Flächenverbrauch arbeiten, was die anderweitige Nutzung verhindert.[17]

Des Weiteren wird bei der Herstellung von Photovoltaikanlagen viel Energie verbraucht:

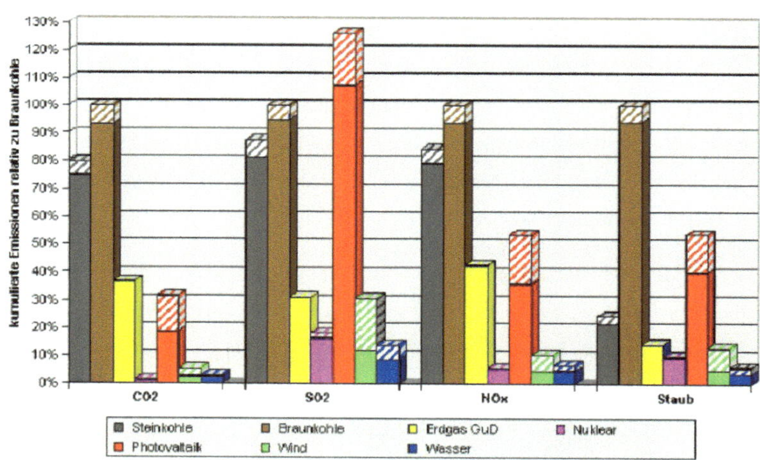

Kohlendioxid-, Schwefeldioxid- und Stickoxid-Emissionen der Energieerzeugungstechniken der (aus Voß 2002: 16).

Auf der x-Achse der Abbildung sehen wir die Emissionen der verschiedenen Energiebereitstellungsarten, eingeteilt in: Kohlenstoffdioxid-, Schwefeloxid- und Stickoxid-Emissionen sowie den Staub der bei der Produktion entsteht. Auf der y-Achse sehen wir die kumulierten Emissionen relativ zu Braunkohle.

Auffällig ist, dass die Photovoltaik im Vergleich zu den anderen aufgezählten Erneuerbaren Energien wie Wasser und Wind immer mehr Emissionen und Staub verursacht als diese. Selbst bei den Stickoxidemissionen produziert die Photovoltaik am meisten Emissionen. Dieses lässt sich darauf zurückführen, dass die „Grüne Energie" bezogen auf die Photovoltaikanlagen gar nicht so grün ist wie manche vermuten.

---

[17] Vgl. Christian Prinz (2010): Zukunftsweisende Stadtplanung durch Photovoltaik: Das Potential der Solarenergie in der Stadt (S.12f.)

[18] Vgl. http://www.streifzuege.org/wp-content/data/schlemm_die-neuen-grenzen-des-wachstums-1.pdf (S.19)

„Es wird deutlich, dass die photovoltaische Stromerzeugung im Vergleich zu Windkraftwerken und Wasserkraftwerken heute noch mit deutlich höheren Stoffströmen sowohl bei den Luftschadstoffen als auch den Ressourcenentnahmen verbunden ist." (Marheineke 2002: 113)[19]

3.2 Windkraft:

Auch der Ökostrom den wir inform von Windkraft beziehen hat ebenfalls wie die anderen Erneuerbaren Energie nicht nur Vorteile, sondern wortwörtlich auch Schattenseiten, die für Behinderungen der Natur, dem Menschen, sowie den Tieren sorgen. Diese negativen Aspekte werde ich im Folgenden zur Schau stellen.

Angefangen bei der Produktion gewisser Windkraftanlagen. Unternehmen versuchen kostengünstig zu produzieren, wobei dieses oft zum Nachteil der Arbeiter ausfällt. So auch bei den Anlagen,die statt drei Kernkomponenten nur zwei Kernkomponenten nutzen. Diese drei Kernkomponenten sind üblicherweise ein Rotor, ein Getriebe, sowie ein Stromgenerator. Um hier schon Produktionskosten und Wartungsarbeiten zu sparen verwenden Unternehmen die seltene Erde Neodym, welches einen Verzicht des Getriebes zur Folge hat. Die Chemikalie Neodym ist giftig und wird zu 97% in China gewonnen.[20] Beim Abbauprozess dieser seltenen Erde wird ebenso radioaktives Uran und Thorium gewonnen. Diese gelangen aufgrund unzureichender Sicherheitsmaßnahmen als auch zu niedrigen Umweltstandards ins Grundwasser und verseuchen die Flora und Fauna. Dieses hat zur Folge, dass Landstriche unbewohnbar wurden, das Wasser kontaminiert und der Getreideanbau unmöglich ist. Ein herber Rückschlag für den Teil, der sowieso schon in Armut lebenden Chinesen. Zudem kommt noch hinzu, dass eine Vielzahl an Arbeitern die an der Produktion teilgenommen haben an Krebs erkrankten[21].

Beginnend mit den Schatten die ein solches Windrad wirft. Diese Schatten und Lichtreflexionen die z.B. inform von bewegenden Rotorblätter zustande kommen, werden als „Diskoeffekt" bezeichnet. Für die Bewohner, die in unmittelbarer Umgebung einer

---

[19] http://www.streifzuege.org/wp-content/data/schlemm_die-neuen-grenzen-des-wachstums-1.pdf (S.24)
[20] Vgl. http://www.spiegel.de/netzwelt/tech/rohstoffmangel-das-neue-gold-a-618346.html
[21] Vgl. https://daserste.ndr.de/panorama/archiv/2011/windkraft189.html

Windkraftanlage wohnen ist dies, sowie die Lärmbelästigung sehr störend und zerstören das Landschaftsbild. Eine Folge dieser Belästigungen ist die Wertminderung der Immobilien.

Um überhaupt On-Shore, also auf dem Land, Windparkanlagen zu errichten, muss zu Gunsten des Ökostroms Waldgebiet gerodet und große Naturflächen versiegelt werden. So werden Flächen unbrauchbar und unfruchtbar gemacht, was zur Folge hat, dass der Lebensraum einiger Tiere verkleinert wird. Die Vögel werden zu einem der größten Opfer der Windparks. Viele Vögel geraten in die Rotorblätter und verlieren dadurch ihr Leben. Es wird davon ausgegangen, dass circa 10.000-100.000 Vögel jährlich an den Rotorblättern verunglücken[22]. Zudem kommt noch hinzu, dass Fledermäuse solche Windkraftanlagen aufgrund der Luftbewegungen hinter der Betonsäule für einen Baumstamm halten und geradewegs drauf zufliegen, da sie vermuten im Windschatten Nahrung und einen geeigneten Wohnraum zu finden[23]. Hinter den Rotoren gibt es Luftdruckschwankungen, die dafür sorgen, dass wenn eine Fledermaus diesen zu nahe kommt ihre Lungen und Organe zerreißen[23]. Zusätzlich besteht bei den Off-Shore Windparks ein hohes Risiko, aufgrund der Lichteinstrahlungen, welche die Vögel anlocken könnten und ganze Schwärme töten können.

---

[22] Vgl. http://www.focus.de/wissen/klima/tid-14230/mythos-windkraftanlagen-toeten-massenweise-voegel_aid_398163.html
[23] Vgl. http://www.tagesspiegel.de/wissen/windenergie-fledermaeuse-werden-am-windrad-zerfleddert/10772760.html

4. Aktuelle Entwicklung

Erneuerbare Energien werden immer interessanter egal ob für die Privatperson oder den Unternehmer. Der aktuelle Trend sieht einen Wachstum in dieser Branche vor. Wenn man sich zum Vergleich die Entwicklung der Erneuerbaren Energien in Deutschland von 2004, wo der Anteil der Erneuerbaren Energien an der gesamten Bruttostromerzeugung bei rund 9%[24] lag mit den Werten von 2014 wo der Anteil dann auf knapp 26%[24] gestiegen ist, sollte einem klar werden, dass diese Entwicklung auch weiter steigen wird. In 10 Jahren hat hier fast eine Verdreifachung des Anteils an der gesamten Bruttostromerzeugung statt gefunden. Diese Entwicklung führte dazu, dass die Braunkohle die bisher immer den größten Anteil an der Stromerzeugung ausgemacht hat von den Erneuerbaren Energien abgelöst wurde. Diese haben somit die bedeutendste Rolle in der Energieversorgung in Deutschland eingenommen.

Doch damit ein weiterer Ausbau des Ökostromes stattfinden kann muss eine gewisse stützende Reaktion von der Bevölkerung kommen. Hierzu wurde 2014 eine Umfrage bezüglich der Unterstützung des verstärkenden Ausbaus unter 1015 Deutschen gemacht. Von den ganzen Befragten stehen ca. 92% hinter diesem Ausbau[25]. Sollte man das auf die gesamte Bevölkerung hochrechnen so stehen fast alle hinter der Erweiterung und dem Ausbau.

Die Unternehmensvereinigung Solarwirtschaft (UVS) rechnet ebenso mit einer durchschnittlichen jährlichen Steigerung von 8% im Bereich der Photovoltaik, sodass der Photovoltaikanteil bis zum Jahr 2050 bei bis zu 20% des Gesamtstromvolumens ausmacht.[26]

Am 6. Juni 2011 kam es außerdem zu einem Beschluss der Bundesregierung bezüglich der Energiewende. Hier wurden essentielle Aspekte herausgearbeitet und sollen innerhalb eines Zeitraumes realisiert werden. So soll bis spätestens Ende 2022 ein Ausstieg aus der Kernenergie und ein Ausbau der Stromnetze stattfinden und die Minimierung der

Rohstoffabhängigkeit von anderen Ländern wie beispielsweise Saudi-Arabien mit dem Erdöl[27].

---

[24] http://de.statista.com/statistik/daten/studie/170853/umfrage/struktur-der-bruttostromerzeugung-in-deutschland/
[25] http://www.unendlich-viel-energie.de/themen/akzeptanz2/akzeptanz-umfrage/akzeptanzumfrage-2014
[26] Vgl. Sven Geitmann: Erneuerbare Energien & Alternative Kraftstoffe, Mit neuer Energie in die Zukunft (2005)
[27] Vgl. Thomas Bührke, Roland Wengenmayr (2011):Erneuerbare Energie: Konzepte für die Energiewende (S.11)

5. Fazit:

Zusammenfassend kann man zwar sagen, dass die erneuerbaren Energien ein wesentlicher Fortschritt zur Unabhängigkeit von fossilen Brennstoffen ist, dennoch die Entwicklung um einen gleichen Energieertrag wie mit den fossilen Brennstoffen sich noch im Aufbau befindet. Zwar kann man sagen, dass längerfristig gesehen die erneuerbaren Energien eine Alternative zu fossilen Brennstoffen sind, dennoch kann man erneuerbare Energien nicht als komplett „Grüne Energie" ansehen, da sie stets Nachteile für die Umwelt haben. Diese Nachteile zeichnen sich sowohl durch die Materialien, die genutzt werden um eine Anlage zur Gewinnung von erneuerbaren Energien aufzubauen, als auch der Betrieb einer solchen Anlage immer negative Auswirkungen auf die Flora und Fauna hat. Außerdem kann man sagen, dass die Energiewende der Bundesrepublik Deutschland zwar im Fortschritt ist, dennoch aber im Vergleich zu beispielsweise Dänemark die Ziele etwas niedrig angesetzt sind. Das Gesetz, welches die Subventionierung von Photovoltaikanlagen beendet ist ein weiterer Schritt zurück in der Energiewende, was sich auch auf die Wirtschaft ausgewirkt hat in Form von der Firma Q-Cells, die ehemals Weltmarktführer in der Produktion von Solarzellen war und durch dieses Gesetz und den damit eingehenden Druck durch chinesische Solarzellenproduzenten, die durch ihren Staat subventioniert sind, insolvent gegangen ist. Trotzdem kann man sagen, dass der Schritt in Richtung erneuerbare Energien der richtige war, da die Endlichkeit fossiler Brennstoffe bereits feststeht und dieser wachsende Wirtschaftsbereich bereits jetzt einen relativ großen Einfluss auf Weltgeschehnisse hat.

6. Quellenverzeichnis

Bernd Stoy (1980) Wunschenergie Sonne

Christian Prinz (2010): Zukunftsweisende Stadtplanung durch Photovoltaik: Das Potential der Solarenergie in der Stadt (S.12f.)

Donella H. Meadow (2001) Die neuen Grenzen des Wachstums
Klaus Lambrecht: Solartechnick (S.13)

Madeleine Reincke: Baedeker Reiseführer Dänemark (2007)

 Martin Kaltschmitt, Andreas Wiese: Erneuerbare Energien: Systemtechnik, Wirtschaftlichkeit, Umweltaspekte (2013) (S.239f.)

Sven Geitmann: Erneuerbare Energien & Alternative Kraftstoffe, Mit neuer Energie in die Zukunft (2005)

Thomas Bührke, Roland Wengenmayr (2011):Erneuerbare Energie: Konzepte für die Energiewende (S.11)

http://de.statista.com/statistik/daten/studie/170853/umfrage/struktur-der-bruttostromerzeugung-in-deutschland/ [20.12.2014]

http://www.unendlich-viel-energie.de/themen/akzeptanz2/akzeptanz-umfrage/akzeptanzumfrage-2014 [13.01.2015]

Fortschrittsbericht der Bundesregierung Deutschland (2014) http://www.bundesregierung.de/Content/DE/Artikel/2014/12/2014-12-03-fortschrittsbericht-zur-energiewende.html [24.02.2015]

http://www.focus.de/wissen/klima/tid-14230/mythos-windkraftanlagen-toeten-massenweise-voegel_aid_398163.html [21.01.2015]

http://www.tagesspiegel.de/wissen/windenergie-fledermaeuse-werden-am-windrad-zerfleddert/10772760.html [21.01.2015]

http://www.streifzuege.org/wp-content/data/schlemm_die-neuen-grenzen-des-wachstums 1.pdf (S.24) [21.01.2015]

http://www.spiegel.de/netzwelt/tech/rohstoffmangel-das-neue-gold-a-618346.html [22.01.2015]

https://daserste.ndr.de/panorama/archiv/2011/windkraft189.html [23.01.2015] http://www.streifzuege.org/wp-content/data/schlemm_die-neuen-grenzen-des-wachstums-1.pdf (S.19) [23.01.2015]

http://www.focus.de/wissen/bild-der-wissenschaft/tid-21347/photovoltaik-gift-auf-dem-dach_aid_600085.html [24.01.2015]

http://www.energiezukunft.eu/ueber-den-tellerrand/daenemark-verbietet-heizen-mit-oel-und-gas-gn10949/ [02.02.2015]

http://www.manager-magazin.de/politik/artikel/energiewende-mit-windkraft-und-fernwaerme-in-daenemark-a-925586.html [03.02.2015]

http://www.manager-magazin.de/politik/artikel/energiewende-mit-windkraft-und-fernwaerme-in-daenemark-a-925586-3.html [03.02.2015]

http://www.erdwaerme-geothermie.net/ [04.02.2015]

http://www.energienpoint.de/erneuerbare-energien/windenergie/wie-funktioniert-eine windkraftanlage/ [05.02.2015]

http://www.ammonit.com/de/wind-solar-wissen/solarenergie [05.02.2015]

http://www.solaranlage-ratgeber.de/solarenergie/solarenergie-entwicklung [08.02.2015]

http://www.solartechnik-stiens.de/leistungen/qualitaetsprodukte-im einsatz/wechselrichter.html [10.02.2015]

http://www.erneuerbare-energie-solarenergie.de/Solarenergie-in-Deutschland [10.02.2015]